SUR GRIN VOS CONNAISSANCES SE FONT PAYER

- Nous publions vos devoirs
  et votre thèse de bachelor et master

- Votre propre eBook et livre –
  dans tous les magasins principaux du monde

- Gagnez sur chaque vente

Téléchargez maintentant sur www.GRIN.com
et publiez gratuitement

Déterminants de la tuberculose multi résistante dans la province du Haut-Lomami

François Kalenga Luhembwe
Eddy Nzengu Nzengu

Bibliographic information published by the German National Library:

The German National Library lists this publication in the National Bibliography; detailed bibliographic data are available on the Internet at http://dnb.dnb.de.

ISBN: 9783346724748
This book is also available as an ebook.

Déterminants de la tuberculose multi résistante dans la province du Haut-Lomami

Auteur : François KALENGA LUHEMBWE

Co-auteur : Eddy NZENGU NZENGU

RESUME

Introduction L'objectif général de cette étude est d'identifier les déterminants de la tuberculose multi résistante dans la province du Haut-Lomami, afin de contribuer à la diminution de sa fréquence dans la population.

La présente étude a été menée dans 16 zones de santé couvertes par la coordination provinciale de lèpres et tuberculose du Haut-Lomami pendant une période allant de janvier 2016 au Décembre 2021.

Méthodologie : Il s'agit d'une étude cas-témoins menée auprès des patients enregistrés pour traitement pendant la période allant de janvier 2016 au décembre 2021 dans la province du Haut-Lomami.

Résultats : Les déterminants de la tuberculose multi résistante dans notre milieu d'étude étaient la résidence dans une zone de santé rurale (OR=20,356 [6,528-63,469]), l'échec thérapeutique (OR=12,000 [3,435-41,927]), l'interruption du traitement (OR=136,300 [34,320-541,306]), la sérologie VIH/SIDA « positive » (OR=4,241 [1,066-16,869]), la taille de ménage (OR=2,76 [1,19-6,40]), le tabagisme (OR=5,05 [2,144-11,86]), le non-respect des heures de prise des médicaments (OR=3,600 [1,366-9,491]) et la tuberculose multi résistance. Le risque de décéder était 3,20 [1,12-9,15] fois plus élevé chez les cas que chez les témoins.

Conclusion : cette étude vient de mettre en évidence que les actions de lutte contre la tuberculose multi résistante doivent être ciblées sur l'éducation et la sensibilisation des tuberculeux sur les déterminants susmentionnés.

Contenu

I. INTRODUCTION

La tuberculose représente un problème majeur de santé publique. Chaque année on compte environ 9 millions de nouveaux cas de tuberculose et près de 2 millions de personnes meurent de cette maladie. Chaque année, près de 440 000 personnes contractent une tuberculose multi résistante et 150 000 personnes décèdent de cette forme de la maladie (OMS, 2011). Son traitement est difficile et coûteux en raison de de la mauvaise réponse au traitement classique avec des médicaments de première intention. Les taux de guérison de la tuberculose multi résistante sont faibles (compris entre 50% et 70%) (OMS, 2015).

Aux Etats-Unis d'Amérique, l'importance de l'endémie tuberculeuse et la prévalence élevée de l'infection à VIH/Sida ont rendu cette situation plus fréquente qu'ailleurs. Dès les premières études menées en Amérique, un taux de co-infection tuberculose/VIH égal ou supérieur à 30% était noté (Aubry P., 2014).

En Europe, la tuberculose était responsable de 25% des décès. La décroissance de son incidence s'est amorcée avant même l'apparition des antituberculeux, et ce grâce à l'amélioration des conditions de vie. Actuellement, avec un tiers de la population infectée, elle représente encore une charge considérable à l'échelle mondiale. Durant l'année 2012, 8,6 millions de personnes ont contracté une tuberculose maladie et 1,3 million en sont décédées (OMS, 2012).

Les estimations de l'OMS en 2012 font état de 450 000 (300 000- 600 000) nouveaux cas de tuberculose MDR, soit 5% de l'ensemble des cas de tuberculose. Plus de 60% des patients porteurs de forme MDR sont concentrés dans les pays du groupe « BRICS » : Brésil, Russie, Inde, Chine et Afrique du Sud. Parmi les cas de tuberculose résistante, 3,7% sont des nouveaux cas, et 20,2% concernent des patients déjà traités. Dans les pays les plus touchés seul 1/3 des cas de tuberculose MDR seraient détectés. Toujours en 2012, 170 000 (100 000- 240 000) décès auraient été causés par des tuberculoses multi résistantes (OMS, 2012).

En Asie, la prévalence de (TB-MR) varie selon les régions, de 0 à 25%. Les proportions les plus élevées s'observent en Asie Centrale (11,8%à, en Inde (8,4%) et dans certaines provinces de Chine (6,9%). Selon les dernières estimations de l'organisation mondiale de la santé, la résistance aux antimicrobiens est estimée à 450 000 cas sur un total de 8,6 millions de cas de TB asiatiques (OMS, 2012).

L'Afrique, avec ses 11% de la population mondiale, supporte à elle seule 27% du poids mondial de la tuberculose. L'incidence de la tuberculose augmente chaque année de 6% et l'épidémie du VIH est la principale cause de cette augmentation. En effet, environ 30 à 50% des tuberculeux en Afrique sont co-infectés par le VIH (OMS, 2015).

La République Démocratique du Congo (RDC), l'un des 22 pays les plus atteints au monde, occupe le 5ème rang en Afrique et le 11ème rang dans le monde. L'incidence en RDC de la tuberculose pulmonaire à microscopie positive est estimée à plus de 160 cas pour 100.000 habitants (OMS, 2015). La RDC figure aussi parmi les pays qui ont le plus grand nombre de malades co-infectés par la tuberculose et le VIH/Sida (Minisanté/RDC, 2016). Face à cet état de chose, nous nous préoccupons de savoir :

- Quels sont les déterminants de la tuberculose multi résistance dans la province du Haut-Lomami ?

I.1. OBJECTIFS
I.1.1. OBJECTIF GENERAL

L'objectif général de cette étude est d'identifier les déterminants de la tuberculose multi résistante dans la province du Haut-Lomami, afin de contribuer à la diminution de sa fréquence dans la population.

I.1.2. OBJECTIFS SPECFIQUES
- Identifier les facteurs associés à la tuberculose multi résistante dans la province du Haut-Lomami ;
- Déterminer les issues de la tuberculose multi résistante dans la province du Haut-Lomami.

I.2. HYPOTHESES

Il y aura une association statistiquement significative entre la tuberculose multi résistante et les profils sociodémographiques, cliniques, les antécédents familiaux, la comorbidité, les habitudes toxiques et la prise en charge de la TBC.

II.1. CADRE D'ETUDE

Cette étude a été menée en République démocratique du Congo, province du Haut-lomami, précisément dans la Division provinciale de la santé Haut-lomami.

La division provinciale de la santé du Haut-Lomami est de nature urbano-rurale. De ce fait, elle couvre 16 Zones de santé qui sont : KAMINA, BAKA, KABONDO-DIANDA, BUKAMA, BUTUMBA, KINKONDJA, MALEMBA NKULU MUKANGA, MULONGO, LWAMBA, SONGA, KABONGO, KITENGE, KAYAMBA, KANIAMA, KINDA, 16 Hôpitaux généraux de référence et 331 Airs de santé. Elle s'étend sur une superficie de 133 456 Km2.

II.1.1. SITUATION GEOGRAPHIQUE DE LA DPS HAUT-LOMAMI

La Division provinciale de la santé du Haut-Lomami est limitée :

- Au Nord : par la DPS Lomami
- A l'est : par la DPS Tanganyika
- Au sud-Est : par la DPS Haut-Katanga
- Au sud-ouest : par la DPS Lualaba par la rivière Kalu le Nord, Fleuve Congo et Rivière Lubudi.

II.1.2 CARTOGRAPHIE DE LA DPS/ HAUT-LOMAMI

Cette carte a été retirée par la rédaction pour des raisons de droits d'auteur.

II.1.3 SITUATION DEMOGRAPHIQUE

La population actualisée en 2021 de la DPS/Haut-lomami est de 4338424 Habitants, avec une densité de 33habitants/km2

Voie d'accès et distance par rapport à la capitale du pays (Kinshasa) :

- Voie aérienne : 1489 km à vol d'oiseaux.
- Voie routière : 1786,7km de Kinshasa

Par rapport au climat, elle a 2 saisons : La saison de pluie commence de septembre jusqu'en Avril et la saison sèche de Mai jusqu'en Aout.

Elle a deux savanes : Boiseuse et Herbeuse

Hydrographie : L'hydrographique de la division provinviale du Haut-Lomami est dominée par le Fleuve Congo qui traverse 8 zones de santé et les lacs notamment : Kisale, Upemba, Zimbabo, Kisanga, Kasele, Kabamba.

Cours d'eau : Lovoyi, Lomami, Lwembe, Kalume-Ngongo, Lubiji, Lufira, Kilubi et Mwenze.

III.1.4. SITUATION SOCIO-ECONOMIQUE

La population a comme occupation principale l'agriculture, Le maïs et le manioc restent les principales productions agricoles dans toute la province, l'huile de palme et l'Arachide sont plus produites dans le Territoire de Kabongo.

La pêche artisanale pratiquée tout au long du Fleuve Congo et de lacs dans les ZS de BUKAMA, BUTUMBA, KINKONDJA, LWAMBA, MALEMBA NKULU, MULONGO et MUKANGA ; l'élevage et le petit bétail.

Les principaux employeurs dans la province sont :

- La fonction publique
- La société nationale de chemin de fer (SNCC)
- La Régie de distribution d'eau
- La Société nationale d'électricité
- Les Banques (BCC, TMB, AFRILAND)
- Office de route
- Sociétés Agricoles (Service nationale, kaniama-kasese)
- Les entreprises minières : MMR (Mining, mineral ressource), CHEMAF (CROWN, MINING, SOMIKA.

II.2. METHODE

II.2.1. Type et période d'étude

Il s'agit d'une étude cas-témoins menée auprès des patients enregistrés pour traitement pendant la période allant de janvier 2016 au décembre 2021 dans la province du Haut-Lomami.

II.2.2. Définition opérationnelle des cas

Un cas est défini comme tout patient tuberculeux pulmonaire à microscopie positive (TPM+), résidant dans l'une des 16 ZS de la DPS Haut-Lomami, disposant d'un test de sensibilité (TDS) confirmant l'infection par un *Mycobacterium Tuberculosis* résistant à la rifampicine et à l'isoniazide pendant la période de rappel (période d'étude).

Un témoin est défini comme tout patient tuberculeux (TPM+) résidant dans l'une des 16 ZS de la DPS Haut-Lomami, déclaré guéri à une première ligne de traitement pendant la même période et le même lieu de prise en charge que les cas.

II.2.3. Echantillon et échantillonnage

En vue d'obtenir un résultat représentatif, tous les cas de tuberculose multi résistante répondant à nos critères d'inclusion ont fait l'objet de cette étude. Cette étude s'est avérée donc exhaustive. Nous avons utilisé un échantillonnage de recrutement consécutif des cas de tuberculose multi résistante pour la période d'étude. Chaque cas de tuberculose multi résistante a été apparié à 3 témoins.

II.2.4. Technique de collecte des données

Pour collecter les données, nous nous sommes servis de la technique d'analyse documentaire secondée par une fiche de collecte des données.

II.2.5. Plan de traitement des données et analyses statistiques

Les données collectés ont été encodées et analysées à l'aide du logiciel Epi-info Launche version 7.2.2.6. La comparaison des variables en catégories a été faite à l'aide de test de Chi-2 de Pearson. Pour les effectifs <5, le test de Chi-2 de Fischer Exact a été utilisé après la correction de Yates. Le test non paramétrique de Kruskall-Wallis a été utilisé pour comparer la médiane des variables quantitatives. Ces différents tests étaient considérés comme statistiquement significatifs pour un $p < 0,05$.

Pour déterminer la force, l'association, la relation ou le lien qui existe entre 2 variables qualitatives (variable dépendante et indépendante), l'odds ratio (OR) et son intervalle de confiance à 95% (IC à 95%) ont été calculés. A partir des résultats, nous pouvions dire si la variable étudiée a été un déterminant ou protecteur contre le facteur maladie.

II.2.6. Critères de sélection

a. Critères d'inclusion

- *Groupe de cas :* tout patient tuberculeux pulmonaire à microscopie positive (TPM+), admis dans l'une des structures de santé des 16 ZS de la DPS Haut-Lomami, résistant à la rifampicine et à l'isoniazide pendant la période de rappel (période d'étude).

- *Groupe de témoins :* tout patient tuberculeux pulmonaire à microscopie positive (TPM+), admis dans l'une des structures de santé des 16 ZS de la DPS Haut-Lomami, déclaré guéri à une première ligne de traitement pendant la même période et le même lieu de prise en charge que les cas au cours de notre période d'étude.

b. Critères d'exclusion

Sont exclus de cette étude, tout patient ne répondant pas à nos critères d'inclusion

II.2.7. Variables retenues

II.2.7.1 Variable dépendante : Tuberculose multi résistante

II.2.7.2 Variables indépendantes : Sexe, Age, Type de ZS, Profession, Forme de tuberculose, Echec thérapeutique, Autres pathologies chroniques, Antécédents familiaux, Molécules utilisés pour le traitement, Interruption du traitement, Sérologie VIH/sida, Taille de ménage, Nombre d'épisode de la tuberculose pulmonaire, Tabagisme, Respect des heures de prise de médicament, Issus du traitement

II.8. Les aspects éthiques

L'éthique est obligée dans toute exploration scientifique. C'est dans ce cadre que nous avons, avant la descente sur terrain reçus auprès du comité d'éthique une autorisation. Une fois à la CPLT, nous étions en contact avec les chefs hiérarchiques qui nous avaient à leur tour permit d'investiguer.

Enfin, en prenant ces informations, nous leurs avons rassuré la confidentialité par une collecte anonyme des données et ensuite nous leurs avons dit que les données ne servirons que pour des fins scientifiques.

Tableau I. Relation entre la tuberculose multirésistante et le sexe, l'âge, le type de zone de santé

Paramètres étudiés	Cas n=33(%)	Témoins n=99(%)	OR [IC95%]	P
Sexe				
Masculin	18(22,2)	63(77,8)	0,686 [0,309-1,523]	0,353
Féminin	15(29,4)	36(70,6)		
Age				
≤ 19 ans	2(12,5)	14(87,5)	0,34 [0,07-1,62]	0,25
20-49 ans	23(29,5)	55(70,5)	1	
≥ 50 ans	8(21,1)	30(78,9)	0,64 [0,25-1,59]	0,63
Type ZS				
Rural	29(52,7)	26(47,3)	20,356 [6,528-63,469]	0,000
sUrbaine	4(5,2)	73(94,8)		

Il ressort de ce tableau qu'il existe une association statistiquement significative entre la tuberculose multi résistance et la résidence dans une zone de santé rurale (OR=20,356 [6,528-63,469])

Tableau II. Relation entre la tuberculose multirésistante et la forme de la tuberculose, l'échec thérapeutique et d'autres pathologies chroniques

Paramètres étudiés	Cas n=33(%)	Témoins n=99(%)	OR [IC95%]	P
Forme de tuberculose				
TP+	32(25,2)	95(74,8)	1,347 [0,145-12,501]	0,792
TP/C	1(20,0)	4(80,0)		
Echec thérapeutique				
Oui	30(40,0)	45(60,0)	12,000 [3,435-41,927]	0,000
Non	3(5,3)	54(94,7)		
Autres pathologies chroniques				
Oui	22(29,7)	52(70,3)	1,808 [0,793-4,122]	0,156
Non	11(19,0)	47(81,0)		

Le passage en revue du tableau ci-haut indique que l'échec thérapeutique était significativement associé à la tuberculose multi résistance (OR=12,000 [3,435-41,927]).

Tableau III. Relation entre la tuberculose multirésistante et l'antécédent de la tuberculose familiale, nombre d'épisode de la tuberculose pulmonaire et les molécules utilisés pour le traitement

Paramètres étudiés	Cas n=33(%)	Témoins n=99(%)	OR [IC95%]	P
Antécédent de la tuberculose familiale				
Oui	23(29,5)	55(70,5)	1,840 [0,793-4,269]	0,152
Non	10(18,5)	44(81,5)		
Nombre d'épisode de la tuberculose pulmonaire				
Plus d'un épisode	22(29,3)	53(70,7)	1,736 [0,761-3,959]	0,187
Un épisode	11(19,3)	46(80,7)		
Molécule utilisé pour le traitement				
RH	16(25,0)	48(75,0)	1,000 [0,455-2,200]	1,000
RHZE	17(25,0)	51(75,0)		

La lecture de ce tableau indique une association non significative entre la tuberculose multi résistance et les antécédents de la tuberculose familiale (OR=1,840 [0,793-4,269]) et le nombre d'épisode de la TB pulmonaire (OR=1,736 [0,761-3,959]).

Tableau IV. Relation entre la tuberculose multirésistante et l'interruption du traitement, la profession et la sérologie VIH/SIDA

Paramètres étudiés	Cas n=33(%)	Témoins n=99(%)	OR [IC95%]	P
Interruption du traitement				
Oui	29(85,3)	5(14,7)	136,300 [34,320-541,306]	0,000
Non	4(4,1)	94(96,0)		
Profession				
Creuseur	5(45,4)	6(54,5)	1,666 [0,374-7,424]	0,501
Cultivateur	17(35,4)	31(64,6)	1,097 [0,371-3,239]	0,867
Enseignant	2(5,1)	37(94,8)	0,108 [0,200-0,584]	0,000
Fonctionnaire	2(15,4)	11(84,6	0,363 [0,062-2,111]	0,249
Sans profession	7(33,3)	14(66,7)	1	1
Sérologie VIH/SIDA				
Positive	5(55,6)	4(44,4)	4,241 [1,066-16,869]	0,028
Négative	28(22,7)	95(77,2)		

Les résultats de ce tableau montrent une association statistiquement significative entre la tuberculose multirésistante et l'interruption du traitement (OR=136,300 [34,320-541,306]) ainsi que la sérologie VIH/SIDA « positive » (OR=4,241 [1,066-16,869]).

Tableau V. Répartition des cas selon la taille de ménage, respect des heures de prise de médicament et les issus du traitement

Paramètres étudiés	Cas n=33(%)	Témoins n=99(%)	OR [IC95%]	P
Taille de ménage				
> 5 Personnes	23(33,8)	45(66,2)	2,76 [1,19-6,40]	0,01
≤ 5 Personnes	10(15,6)	54(84,4)		
Tabagisme				
Fumeur	23(25,3)	68(74,7)	5,05 [2,144-11,86]	0,00
Non-fumeur	10(24,4)	31(75,6)		
Respect des heures de prise de médicament				
Non	27(33,0)	55(67,1)	3,600 [1,366-9,491]	0,007
Oui	6(12,0)	44(88,0)		
Issus du traitement				
Décès	8(47,1)	9(53,0)	3,20 [1,12-9,15]	0,02
Traitement terminé	25(21,7)	90(78,3)		

Les résultats du tableau ci-dessus indiquent une association statistiquement significative entre la taille de ménage (OR=2,76 [1,19-6,40]), le tabagisme (OR=5,05 [2,144-11,86]), le non-respect des heures de prise des médicaments (OR=3,600 [1,366-9,491]) et la tuberculose multi résistance. Notons encore que le risque de décéder est 3,20 [1,12-9,15] fois plus élevé chez les cas que chez les témoins.

IV. DISCUSSION DES RESULTATS

L'analyse bivariée a montré une association statistiquement significative entre la tuberculose multi résistance et la résidence dans une zone de santé rurale (OR=20,356 [6,528-63,469]). Le recours à la médecine traditionnelle et alternative qui est généralement plus fréquent dans les zones rurales pourrait justifier nos résultats. Nous pouvons également expliquer ces résultats par le fait qu'en milieu rural l'offre de soins n'est pas améliorée comme en milieu urbain et ceci pourrait être à la base de la résistance aux antituberculeux. Selon Courtwright A, Turner AN (2010), les résidents ruraux sont confrontés à des niveaux plus élevés de stigmatisation et de discrimination que leurs homologues du milieu urbain et ils ont moins de connaissances quant aux modes de transmission, au diagnostic et au traitement, ce qui peut contribuer à prolonger le cercle vicieux de la TB multi résistante en zone rurale. Globalement, la prévalence de la tuberculose multi résistance est beaucoup plus élevée dans les zones urbaines que dans les zones rurales (OMS, 2014). Cependant, dans certains pays ces statistiques sont inversées, avec des personnes résidant dans les zones rurales ayant un risque beaucoup plus élevé de faire une multi résistance aux antituberculeux. Par exemple, en Chine, où 80 % de la population est située en milieu rural, la prévalence de la tuberculose multi résistante dans les zones rurales est de 1,8 fois plus élevée que dans les zones urbaines (Yang Y, Li X, Zhou F, Jin Q, Gao L., 2011). De même, dans d'autres pays en développement où une grande partie de la population est située en milieu rural, l'incidence de la tuberculose multi résistante dans les zones rurales est supérieure à celle observée dans les grandes localités urbaines (Hossain S et al., 2012). Dans d'autres contextes où la prévalence et l'incidence globale sont plus élevées dans les zones urbaines, certaines provinces rurales supportent un fardeau de TB multi résistante encore plus lourd, mais elles reçoivent moins d'attention de la part des bailleurs de fonds et des décideurs (van't Hoog AH et al., 2011).

Dans notre série statistique, l'échec thérapeutique était significativement associé à la tuberculose multi résistance (OR=12,000 [3,435-41,927]). Ce résultat corrobore avec les résultats des études menées par Ahmad et al (OR adj.= 4,2 ; IC 1,1-15,4) et Casal (OR =2,6 ; IC 1,57-4,41) qui ont également trouvé des associations entre l'échec thérapeutique et tuberculose multi résistance (Ahmad AM et al., 2012 ; Casal M etal., 2015). ; Skrahina et al au Belarus ont montré que l'historique de traitement antérieur pour la tuberculose représentait le principal facteur de risque indépendant pour la tuberculose multirésistante (OR: 6,1; IC: 4,8 - 7,7) (Skrahina A et al., 2013). Suárez-Garcia et al ont montré dans une étude menée à Madrid que l'échec thérapeutique constitue un facteur de risque de la tuberculose multi-résistante (OR=3,44 ; IC 1,58-7,50) (Suárez-García I et al., 2009). Ces observations qui corroborent les nôtres démontrent à suffire que les malades qui avaient déjà été traités pour tuberculose présentaient un facteur de risque plus élevé de développer une tuberculose multi-résistante que ceux qui n'avaient jamais été traités en raison de la familiarisation des microbes avec les médicaments.

Nos résultats ont comme ceux d'André Misombo-Kalabela et al (2016) montré respectivement une association statistiquement significative entre la tuberculose multirésistante et l'interruption du traitement (OR=136,300 [34,320-541,306]) et (OR= 2,78 ; IC 0,88-8,79 ; p= 0,081). De même, nos résultats sont similaires de ceux trouvés au pakistant par Ahmad et al. En effet, ces derniers ont trouvé que l'interruption du traitement exposait les patients 15 fois plus à la tuberculeuse multi-résistante (Ahmad AM et al., 2012).

Cependant, nous avons trouvé une relation statistiquement significative entre la tuberculose multirésistante et la sérologie VIH/SIDA (OR=4,241 [1,066-16,869]). Ce résultat s'expliquerait par le fait que l'infection à VIH/SIDA affaiblit le système immunitaire présentant également un risque accru de tuberculose évolutive. Selon l'organisation mondiale de la santé, le risque de développer une tuberculose multirésistante est 18 fois plus élevé parmi les personnes infectées par le VIH (OMS, 2014). Nos résultats coïncident avec ceux de Sandgren A et al qui démontrent que le risque de survenue de la tuberculose multi résistante est toutefois beaucoup plus élevé chez les personnes qui ont un système immunitaire déficient, notamment celles qui vivent avec le VIH (Sandgren A et al., 2011).

Dans la présente étude, l'habitation dans un ménage où la taille est supérieure à 5 personnes était un facteur de risque de la tuberculose multi résistance (OR=2,76 [1,19-6,40]). Cette situation peut s'expliquer tout simplement par la promiscuité qui est depuis toujours un lieu propice pour la prolifération des bactéries. Selon Suárez-García I et al, plus la taille de ménage et grande, plus les gens dorment dans des conditions précaires, ils sont exposés à des partages inégaux des aliments qui peuvent entraîner une immunodéficience. Celle-ci rend les sujets vulnérables à des infections à répétition augmentant le risque de la tuberculose multi résistante (Suárez-García I et al. 2009). Dans les pays surpeuplés comme la Chine, plusieurs études ont été menées pour déterminer la corrélation entre la tuberculose multirésistante et la taille de ménage, à l'instar de celles de Yang Y, Li X, Zhou F, Jin Q, Gao L (2011) et Quy HT et al (2016) qui ont trouvé respectivement que les ménages surpeuplés (>7 personnes) courraient 5,3 et 13,9 fois le risque de tuberculose multirésistante.

CONCLUSION ET SUGGESTIONS

A l'issu de cette étude cas témoins portant sur les déterminants de la tuberculose multirésistante dans 16 zones de santé couvertes par la coordination provinciale de lèpres et tuberculose du Haut-Lomami pendant une période allant de janvier 2016 à Décembre 2021, les conclusions suivantes ont été retenues :

- Les déterminants de la tuberculose multi résistante était légèrement élevée chez les sujets Les facteurs de risque de la tuberculose multirésistante dans notre milieu d'étude étaient la résidence dans une zone de santé rurale (OR=20,356 [6,528-63,469]), l'échec thérapeutique (OR=12,000 [3,435-41,927]), l'interruption du traitement (OR=136,300 [34,320-541,306]), la sérologie VIH/SIDA « positive » (OR=4,241 [1,066-16,869]), la taille de ménage (OR=2,76 [1,19-6,40]), le tabagisme (OR=5,05 [2,144-11,86]), le non-respect des heures de prise des médicaments (OR=3,600 [1,366-9,491]) et la tuberculose multi résistance.
- Par rapport aux issues de la tuberculose multirésistante, nous avons constaté que le risque de décéder était 3,20 [1,12-9,15] fois plus élevé chez les cas que chez les témoins.

Au regard de tout ce qui précède, nous ne pouvons terminer ce travail sans suggestions, qui pourraient, lorsque respectées, contribuer à la diminution de la fréquence de la tuberculose multi résistante dans notre milieu d'étude. Ces dernières s'adressent aux autorités politico-administratives, au personnel de la santé, et aux futurs chercheurs.

1. ***Aux autorités politico-administratives, il est demandé de (d') :***
   - Organiser les activités d'IEC/CCC sur les facteurs de risque et les modes de prévention de la tuberculose multirésistante.
   - Organiser plusieurs formations de renforcement des capacités des personnels de santé sur la prise en charge de la tuberculose multirésistante.

2. ***Au personnel de la santé, il est rappelé de (d') :***
   - Effectuer le diagnostic précoce des cas de tuberculose multirésistante pour éviter la survenue de complications,
   - Sensibiliser la population sur les facteurs de risque de la tuberculose multi résistante,
   - Conseiller les patients sur le respect des heures de prises des médicaments

3. **Aux patients de (d') :**

   - Eviter l'habitude toxique (tabagisme passif et actif, l'alcoolisme),

   - Ne pas interrompre le traitement en cours,

   - Mettre en pratique les mesures proposées par les personnels de santé sur les mesures de lutte contre la tuberculose multirésistante,

4. **Aux futurs chercheurs, il est conseillé de (d') :**

   - D'approfondir cette étude en menant d'autres à grand échelle sur un grand échantillon.

REFERENCES

Ahmad AM, Akhtar S, Hasan R, Khan JA, Hussain SF, Rizvi N (2012). Risk factors for multidrug-resistant tuberculosis in urban Pakistan: A multicenter case-control study. Int J Mycobacteriol. 1(3): 137-142.PubMed | Google Scholar

Casal M, Vaquero M, Rinder H, Tortoli E, Grosset J, RüschGerdes S, Gutiérrez J, Jarlier V (2015). A case-control study for multidrug-resistant tuberculosis: risk factors in four European countries. Microb Drug Resist. 11(1): 6267. PubMed | Google Scholar

CDC (2016). Centers for Disease Control and Prevention : Emergence de Mycobacterium tuberculosis avec une vaste résistance aux médicaments de seconde intention-à travers le monde. MMWR morb Mortal Wkly Rep. 55 :301-5 [PubMed]

Courtwright A, Turner AN (2010). Tuberculosis and stigmatization: pathways and interventions. Public Health Rep Wash DC 1974 ;125 Suppl 4:34–42.

Eshetie S, Gizachew M, Dagnew M, Kumera G, Woldie H, Ambaw F, Tessema B, Moges (2017). Tuberculose multirésistante en milieu éthiopien et son association avec les antécédents de traitement antituberculeux : une revue systématique et une méta-analyse. Infect Dis. 20 mars 2017, 17(1):219. doi: 10.1186/s12879-017-2323-y.PMID : 28320336 Article PMC gratuit.

Hossain S, Quaiyum MA, Zaman K, Banu S, Husain MA, Islam MA (2012). Socioeconomic position in TB prevalence and access to services: results from a population prevalence survey and a facility-based survey in Bangladesh. PLoS ONE. 2012;7(9) (http://www.ncbi. nlm.nih.gov/pmc/articles/PMC3459948/, visité le 11 octobre 2021).

Ministère de la Santé/RDC (2016). Plan stratégique 2016-2021 Programme National de Lutte contre la Tuberculose. Kinshasa. [Google Scholar]

OMS (2012). Organisation mondiale de la santé, Tuberculose, Aide-mémoire 104.

OMS (2013). World Heath Organisation, Global tuberculoses report 2013.

OMS (2015). Plan mondial halte à la tuberculose 2011-2015. Geneva. 2015. [Google Scholar]

Organisation Mondiale de la Santé (2011). Rapport sur la lutte contre la tuberculose dans le monde. Geneva. 2011. [Google Scholar]

Quy HT, Cobelens FGJ, Lan NTN, Buu TN, Lambregts CSB, Borgdorff MW (2016). Les résultats du traitement par la résistance aux médicaments et le statut VIH parmi les patients tuberculeux à Hong-Kong. Int J Tuberc Lung Dis.

Sandgren A, Hollo V, Quinten C, Manissero D (2011). Childhood tuberculosis in the European Union/European Economic Area, 2000 to 2009. Euro Surveill 2011;16(12). pii:19825.

SB Marahatta, J Kaewkungwal, P Ramasoota, P Singhasivanon (2010). Facteurs de risque de tuberculose multirésistante dans le centre du Népal : une étude pilote. DOI : 10.3126/kumj.v8i4.6238

Skrahina A, Hurevich H, Zalutskaya A, Sahalchyk E, Astrauko A, Hoffner S, Rusovich V, Dadu A, De Colombani P, Dara M, Van Gemert W, Zignol M (2013). Multidrug-resistant tuberculosis in Belarus: the size of the problem and associated risk factors. Bull World Health Organ. 91(1): 36-45. PubMed | Google Scholar

Souad El Hassani (2014). Déterminants de la Tuberculose Multirésistante dans la Région Rabat-Salé-Zemmour-Zaer. Ecole Nationale de Santé Publique. ROYAUME DU MAROC

Suárez-García I, Rodríguez-Blanco A, Vidal-Pérez JL, GarcíaViejo MA, Jaras-Hernández MJ, López O, Noguerado-Asensio A (2009). Risk factors for multidrug-resistant tuberculosis in a tuberculosis unit in Madrid, Spain. Eur J Clin Microbiol Infect Dis. 28(4): 325-330. PubMed | Google Scholar

Takashi Hirama, Natasha Sabur, Peter Derkach, Jane McNamee, Howard Song, Theodore Marras, Sarah Brode (2016). Facteurs de risque associés à la tuberculose pharmacorésistante dans un centre de référence situé à Toronto (Ontario) au Canada : 2010 à 2016

van't Hoog AH, Laserson KF, Githui WA, Meme HK, Agaya JA, Odeny LO (2011). High Prevalence of Pulmonary Tuberculosis and Inadequate Case Finding in Rural Western Kenya. Am J Respir Crit Care Med. 2011;183(9):1245–53.

WHO (2014). Global tuberculosis report 2014. Geneva: World Health Organization. Disponible sur http://www.who.int/tb/publications/global_report/en/, visité le 11 octobre 2021.

Yang Y, Li X, Zhou F, Jin Q, Gao L (2011). Prevalence of drug-resistant tuberculosis in mainland China: systematic review and meta-analysis. PLoS ONE. 6(6):e20343.